中学生と動物たち

SEIKO KOYAMA

小山晴子

秋田文化出版

中学生と動物たち

目次

（イラスト：小山晴子）

中学生と動物たち

まえがき

押し入れの奥から出て来た、この古い原稿に目を通したとき私は、かつて教師として過した中学校の、校舎を包む騒音と、埃臭いような汗臭いような匂いを思い出していた。

私は、二十八歳から四十五歳までのほぼ十七年間、秋田の中学校の理科教師として働いていた。学校には生徒の実験のための理科室と、その準備のための理科準備室が備わっていた。生徒たちの連れてくる小さい動物たちを、私はこの準備室で育てていた。その当時秋田では、高校入試科目が三課目、すなわち数学、国語、英語だけで、理科は入っていなかったため、私は入試を気にすることなく、生徒たちと実験をしたり、動物を飼ったりすることが出来た。そういう牧歌的な時代でもあった。

こうして飼育していた小さい動物たちは、やがて命を失った。がっかりして肩を落とす私を慰め、共に悲しんでくれたのは生徒たちだった。教師を止めて時間が出来た時、その頃の思い出を中学生の読み物として書いてみようと思ったのが、この「中学生と動物たち」である。

いまから四十年も前のことである。

小さい動物たちを介してつくり出された、中学校の生徒たちとのつながりの中で、私は「いのち」についての思いを、生徒たちと分かち合うことが出来たような気がする。今、とてもつらい状況の中に置かれている子供たちに、大人として何をしてやることが出来るのか、そのことを考えるための小さい手掛かりにでもなればと思い、この原稿の出版を思い立ったのである。

にせものの卵

私が中学生の頃は、ちょうど太平洋戦争が終わったばかりで、食糧が手に入りにくい頃でした。

私の母はニワトリを飼うことを思いつきました。ニワトリを飼って卵を産ませれば、その卵を、中学生の私を頭に五人の子供たちに食べさせることができると考えたのです。どの子も卵は大好きでした。

隣の家との間の板塀の上に、トタン板の簡単な屋根を葺き、前の方を金網で覆った急ごしらえの鳥小屋を、祖父が作ってくれました。奥の方には、板で少し高い棚が作られ、その上に止まり木が横に渡してありました。

母は、少し大きく育ったヒヨコを買って来て、この鳥小屋に放しました。そして、残飯、野菜屑、庭の隅に生えるハコベもオオバコも、細かく刻んで米糠をまぶして餌にしました。

ヒヨコはどんどん大きく育ち、背が高くなり、鶏冠が赤く大きくなって行きました。そして、ある日とうとう卵を産んだのです。学校から帰ると、母がニコニコしながら私を呼びました。行ってみると、お菓子の空き箱に新聞紙が敷かれていて、その中に真っ白い卵が一個、ぴかぴか光って入っていました。家中の人みんなに、母はそうやって見せていました。何だか食べ物ではなく、宝物のような感じでした。


次の年の春、ニワトリは卵を産むのを止め、棚の上で今まで自分が産んだ卵を抱き始めました。母は、去年ヒヨコを買った店から受精卵を買って来て、家のニワトリが産んで抱いている卵と取り替えました。わが家のニワトリはメスばかりだったので、いくら抱いて温めてもヒヨコは孵らないのです。

母ドリは、あまり餌も食べずに、一生懸命卵を抱きました。私たちは、毎日鳥小屋を覗きに行ったものです。母ドリを驚かさないように、足音を忍ばせてそっと見に行きました。

抱きはじめてから、三週間ほどたった頃、母ドリが卵を抱いている棚の上から、か細いピヨピヨという音が聞こえてくるのです。あわてて覗くと、白い母ドリの羽根の間から、黄色いヒナの頭がのぞいていました。

母ドリは、じっと座っていたのを止め、ココ、ココという独特の鳴き声をあげながら、棚の上に撒いてやった餌をつついてヒヨコに教えてやりました。黄色いヒヨコは、チョコチョコと母ドリのくちばしのまわりに集まり、やがて自分の小さいくちばしで餌をつつきはじめました。


翌年の春が来て、ニワトリはまた卵を抱きはじめました。母は、またトリ屋に行って、今度は擬卵を買ってきたのです。偽卵というのは、瀬戸物で出来たニセの卵です。大きさはニワトリの卵と大体同じくらいでしたが、色や手触りは明らかに違うものでした。

母ドリが抱いている卵を、自分の脚で蹴飛ばして、棚から落として割ってしまっ

ニワトリは日数がわからないの？

たりすることがよくありました。割れた卵の中には、ヒヨコの形が半ば出来ていて、とても残念に思ったこともありました。瀬戸物のニセの卵なら、割れる心配はありません。でも、こんなニセの卵を抱かせて、いったいどうしようというのでしょう。

トリ屋のおじさんの話しによると、卵を抱きはじめた母ドリにこの擬卵を抱かせて、四、五日したら、孵卵器で孵したばかりのヒヨコを入れてやれば、母ドリは抱くのをやめて、ヒヨコに餌を与え始めるというのです。

「四、五日抱かせて、ヒヨコに換えるんだって?」

私はびっくりしました。

「だって去年は、三週間の卵を抱いていたんでしょう。それを、四、五日ですませるなんて。母ドリはびっくりして、ヒナを育てるのを止めてしまうよ」

私は必死になって反対しました。

どの本にも、ニワトリの卵はほぼ三週間かかって孵化すると書いてあります。母ドリが抱いた場合でも、孵卵器の中で温めた場合でも、同じように三週間かかります。だから、卵を抱く母ドリは三週間という期間を知っているにちがいない、と私は思っていました。その三週間を、わずか四、五日ですませてしまうなどという自然の法則に逆らうことをすれば、母ドリはきっとびっくりして混乱してしまい、ヒナを育てるのを止めてしまうのではないでしょうか。

でも母は、私の理屈よりもトリ屋のおじさんの話を信用したようでした。

一週間ほどたった日曜日の朝、母はヒヨコを買って来ました。箱の中には孵ったばかりの四、五羽のヒヨコが入っていました。あきれたことには、少し羽根の色の違うヒヨコも混じっているのです。私の家のニワトリは、羽根が全部白いコーチンという種類でしたが、今度買って来たヒヨコの中には、茶色の羽根や、黒白まだら模様のニワトリのヒナも混じっていたのです。

「日数を誤魔化した上に、種類までごちゃまぜにしたりして、いったいどういうつもりなのかしら」

と冷ややかな目で眺める私の前で、ヒヨコは一羽ずつ棚の上で卵を抱いている母ドリの羽根の下に、そっと入れられました。

母ドリは何事が起こったのかと、しばらく体をもぞもぞと動かして、落ち着かない様子でしたが、自分の羽根の下からピヨピヨと鳴きわめくヒヨコの声が耳に届いたのでしょう。急に立ち上がり、例のヒナに餌を与えるココ、ココという声を出し始めたのです。

自分が産んで、抱き温め、孵したヒナを育てるのと全く変わらないやり方で、母ドリは買って来られたヒナを呼び、餌を与え、それがすむと自分の羽根を大きく膨らませて、その中にヒナを入れてやるのでした。

そして、孵卵器の中で孵った、いろいろな色をしたヒナの方も、母ドリに抱かれた卵から産まれてきたかのように、嬉々として母ドリの呼び声に集まって来ました。

用がなくなった瀬戸物のニセの卵は、棚の隅に転がされ、見向きもされませんでした。

今度は、私が混乱する番でした。

母ドリは、約三週間という日数を数えて卵を抱いているのではないようでした。もし、数えて抱いているのならば、いくら何でも二十一日と四、五日をとり違えるはずはありません。

三週間というのは、卵の中でニワトリの受精卵の小さな胚が、黄身の養分を使ってヒヨコに育つまでに必要な日数であって、母ドリには関係のないことのようです。春になると、ニワトリのメスは卵を抱きたくなる。じっと抱いているうちに卵は孵り、ヒヨコのピヨピヨと鳴く音が聞こえてくる。すると母ドリは、それが何日目かということには関係なく、ヒヨコの鳴き声を合図に抱くのを止めて、ヒヨコに餌を与えるようになるのです。

このように、母ドリの行動とヒヨコの発育がうまく順序よく噛み合っていて、母ドリがヒヨコを育てるということが成り立っているようでした。

私の理屈は見事に外れました。

でも自然の動物や植物の生活の中には、本や教科書にも書いてないし、想像もつかないような面白いことが沢山含まれているのです。

大きくなって、生物学を勉強したり、理科の先生になろうと思ったのも、子供の頃のこんな経験があったからなのかも知れません。

青大将

ヘビ、好きな人いる？

かわいそうに、人間に好かれない動物です。でも、何となく気になる見過ごすことの出来ない動物です。

中学校の教師に初めてなった時の私の仕事は、一週に二十時間の授業と、科学クラブの指導でした。

まだ、何となく居心地の定まらない教員室で、机の上を片ずけたり、明日の授業の準備をしていると、一人の男の生徒が私のそばにやってきました。

「僕は、今度科学クラブの部長になりました。先生が今年はクラブを担当すると聞いたものですから、挨拶に来ました」

私よりも背の高そうな三年生の男子生徒で、よく見ると顎のあたりには少しヒゲも生えています。なんだか私よりも貫禄がありそうです。でも、ここで怖じけずいてはいられません。顔の筋肉を引き締め、できるだけ重々しく低い声で言いました。

「私こそ、どうぞよろしく」

四月に入学してきた新一年生が、中学校の生活に慣れる頃、各クラブでは新しい部員の募集を始めます。そして、その頃、春の遅い雪国でも、ヘビーシマヘビも青大将（縞はなく、背中が暗褐緑色のヘビ）も冬眠から覚め、穴の中から這い出す時期なのです。

一日の授業が終わった、ある暖かい春の日の放課後のことでした。潮鳴りのようなざわめきが、まだ少し遠くから聞こえてくる理科準備室で、私は一日の授業の緊張から解放されて、少しぼんやりしていました。準備室は理科室の隣にあり、実験に使う試験管やビーカーなどが、ごちゃごちゃと置いてある部屋です。私は、よくここで授業や実験の準備をしていたのです。ドアで隔てられた隣の理科室に、生徒が何人か集まっているようでした。でも、それにしては静かです。

細めにドアを開けて覗いてみると、一番奥の隅の実験テーブルを囲んで、十人近くの生徒が座り、何かを真剣に見つめているのです。そのうちの半数近くは、真新しい学生服を着た一年生です。女の子も二人ほどいました。

「君たち、M中学校の科学クラブ員を志すものには…」少しよそ行きの声が聞こえてきました。そういえば、この間挨拶に来た三年生の部長の声でした。

「科学クラブ員は、野山に出かけて観察しなければならない。野山にでかければ必ずヘビに会う。その時、キャーッと言って逃げるようでは科学クラブ員の資格はない。科学クラブ員は、ヘビに触るくらいのことは出来なければならない。

今日はヘビの触り方をみんなに教える。まず、俺が触ってみるから、その通り触ってみろ」

机の上に置いてあった水を入れていないガラスの水槽が持ち上げられました。その中には、青大将が一匹とぐろを巻いていました。水槽から机の上に取り出した青大将を、

ガラスの水槽の中の青大将

部長は手のひらでそっとなでて見せました。冬眠から覚めたばかりの青大将は、まだ眠り足りないのでしょうか、なでられても触られても、ただじっと静かにしているだけでした。

「ほら、何でもないだろう。静かに触ってやれば、じっとしているものなんだ」

続いて、三年生、二年生が順番に触り、そして一年生。着慣れない学生服の堅い衿の上に、窮屈そうに乗っている顔は緊張のために赤らみ、鼻の頭には汗が浮かんでいました。女の子も、おそるおそる触りました。無事に触り終わると、ほっとため息をついている生徒もいました。

昔、子供が一定の年令に達して家族から離れ、青年の集団の中で暮らすようになった時、その勇気を試すことによって集団の一員としての資格があるかどうかを決めた、という話しを読んだことがあります。この「ヘビ触り」の儀式にも、そんな意味があるのかもしれません。まだ、子供らしさの残る中学一年生の不安と緊張の入り混じった顔をドアの隙間から眺めながら、声もかけずに私は立ちつくしていました。儀式が終わるとヘビは水槽に戻され、また机の上に置かれたようでした。そして理科室は静かになりました。

ヘビは穴抜けの名人です。昼間あんなにもの静かだったのに、夜になるとそっと活動を始めます。空気が吸えるようにと、水槽の上に載せたガラス板を、わずかにずらせて作った細い隙間から、うまく忍び出るのです。そして、自分の好きな暗がりにそっと潜り込むのです。

青大将は、理科室の教卓の引出しの中に忍び込みました。翌日、授業中のF先生がチョークを取ろうとして引出しを開けました。そこに、あの青大将が、とぐろを巻いていたのです。誰でもびっくりするはずです。ましてF先生はヘビが大嫌いだったのでした。

私は理科主任の先生に呼ばれました。

「教卓の引出しの中に青大将がいたというが、あれはクラブ員のしわざだな。教卓だったからよかったが、生徒の机の中にいれば大変なことになっていたよ。クラブの生徒が何をやっているか、ちゃんと監督していて下さいよ。急いで部長を呼んで、ヘビなどを学校に持ち込まないよう厳重に注意して下さい」

「はい」

私には返す言葉がありませんでした。彼らが何をやっていたのかを私は知っていたのです。でも、あの真剣な雰囲気に私は声を掛けそびれたのです。あれは悪いことだったのだろうか。何の意味もないことだったのだろうか。


私は部長を呼びました。ヘビが引出しから現れたという情報は、もうすでに部長の耳にも届いているようでした。

「昨日、理科室の教卓の引出しの中からヘビが出て来ました。授業中のF先生がびっくりして大騒ぎになったのです」

部長は下を向いたまま黙っています。ふいに私は、鼻の頭に汗を浮かべて緊張している一年生の顔を思い出しました。そして、思わず言ってしまったのです。

「ヘビもね、みんなに触られて疲れただろうから、用事が終わったら、すぐに逃がしてやったら！」

部長は顔を上げて私を見ました。何かきつく文句を言われるだろうと覚悟していた彼の顔の表情が一瞬ゆるみました。

「なんだ、先生見ていたの」

そして少し照れくさそうに続けました。

「はい、十分気を付けます」

姿に似合わない、少し子供っぽい声で部長はそう言って部屋を出て行きました。

私はその時から、私よりも背が高いヒゲの生えている中学生が怖くなくなりました。

歯の伸びすぎたリス

私の勤めていた中学校は、北国の日本海に面した港町にありました。

毎朝、バレー部の生徒たちが練習のために朝早くから登校していました。ある朝、いつものように学校の玄関の鍵を開けて中に入ると、玄関のたたきのあたりを、小さい灰色の動物が走りまわっていたというのです。なかなか、すばしこい動物でしたが、毎日ボールを追いかけているバレー部の連中にはかないません。とうとう捕まえられてしまいました。

リスでした。

日本海の海沿いに広がるマツの砂防林で、リスを見かけたという話は、よく耳にしました。しかし、中学校は砂防林からだいぶ離れた住宅地の中にあります。どこかの家で飼われていたリスが逃げ出したのかもしれません。

捕まえてはみたものの、そのリスをどうしたらよいのか、生徒たちは困ってしまいました。誰かが、理科室の棚の上に金網の鳥かごが埃をかぶって置いてあることを思い出し、理科準備室であずかってもらおう、ということになりました。こうして、リスは私のところにやって来たのです。

このリスは図鑑で調べるとニホンリスで、本州のどこにでも棲んでいる種類でした。ペット屋でヒマワリの種子を買って来て与えると、長い爪の生えた小さい手で種子を掴み、前歯を使って器用に皮をむいて中の実を食べました。その様子はとても可愛らしく、私はいつまでも見ていたものでした。

広い静かな公園で、樹の枝から駆け降りてきたリスが、子供や老人の手からパン屑を貰っている外国の写真を見たことがありませんか。とても楽しそうな風景です。あんな具合にリスとつきあえたらどんなに素晴らしいことでしょう。鳥かごの中でヒマワリの種子をかじるリスを見ると、誰もがそう思うのでしょう。

でも、このリスは、その可愛らしい仕種には似合わず、なかなか激しい気性を持っていました。指先にパン屑をのせ、金網越しに差し出すその指を、リスは長い爪で引っ掻いたり、なかには鋭い前歯でガブリと噛まれた人さえいました。リスにとって人間は敵でしかなかったようでした。

冬が近づくと、リスはカゴの下に敷いた敷きわらを口で運び、片隅に丸く積み上げて巣のようなものを作り、その中に潜り込みました。毎日与えるヒマワリの種子を巣の中に貯えるという様子はありませんでしたが、クルミをやると、これは特別だといわんばかりに巣の中に隠して、何日もかかって穴をあけ中の実を食べていました。

北国の冬は寒さが厳しく、冬の休みも一ヶ月近くあります。学校が休みの間、理科準備室のリスはどうしたらよいのでしょう。いろいろ考えたあげく、ニンジンを一束買ってカゴの中にいれ、あとは、時々用事があって出校してくる理科の先生たちが様子を見たり、ヒマワリの種子をやったりしよう、ということになりました。これならリスもビタミン欠乏症にならないでしょう。こうして、リスは寒い理科準備室で無事冬を越したのです。

リスは牛乳が好きなのです。

ある日、リスのカゴのそばでお昼の弁当を食べていた私は、飲み残しの牛乳を何気なく水入れに入れてやりました。すると、どうでしょう。リスは夢中になって舐めるのです。幼いとき母リスからもらった乳の味がしたのでしょうか。

私は、科学クラブの生徒たちにリスの世話を頼みました。彼らの調査によれば、リスは毎日約三ミリリットルの牛乳と、約十五グラムのヒマワリの種子を食べるということでした。夏休みには、気象観測のために交替で学校に来るクラブの生徒たちが、ついでにリスに餌をやってくれました。そして、冬の休みも、学校に近いクラブ員の家に預かってもらうことにしました。勿論、ヒマワリの種子とニンジンをつけてやりました。

二度目の冬を越すあたりから、野生のリスも少しずつ人に慣れて来たようです。

指先に載せて差し出すヒマワリの種子やチーズのかけらを、喜んで食べるようになって来ました。もう爪で引っ掻いたり、歯で噛んだりするようなことはなくなりました。

春になり、校舎の軒下にうず高く積もっていた薄汚れた雪の山も消え、日ざしがなごやかになって来ました。私は緑が増してきた中庭の芝生にリスのカゴを持ち出しました。春の日を浴びて、金網の間から入った細長い雑草の葉を噛んだり、遠くの物音に耳を傾けているリスの様子は、過ぎ去った野生の日々を思い出しているかのようでした。

「カゴから出して、砂防林に帰してやろうか」と、私は何度も考えました。でも、長い間、人の手から餌を貰って生きて来たリスは、自然の中で餌を探したり、敵から逃げたりできるのでしょうか。

それに、せっかく慣れて人の手から餌を貰うようになったリスが可愛くて、とても手放せなかったのです。

チーズの好きなニホンリス

三度目の冬が近づいた頃、私はリスの顔が何となく変なことに気がつきました。鼻の下が妙に間延びして見えるのです。よくよく眺めてみると原因が分かりました。門歯、すなわち前歯が伸びすぎて口が閉まらなくなっていたのです。そういえば最近、牛乳とか、チーズ、パンなどのような柔らかい餌ばかり食べるために、前歯をすり減らす機会がなかったためです。伸びすぎた前歯では、好物のヒマワリの種子の皮を剥くことも出来なくなってしまいました。

本当にどうしたら良いのでしょう。

いろいろと考え相談した末に、伸びすぎた前歯を、ニッパー、すなわち針金や銅線などを切るための刃のついたペンチのような道具で、切断したらどうかということになりました。

ある日の放課後、リスはカゴから出されました。必死で逃げ回るリスは、クラブ員の手で捕まえられました。乾いたタオルにくるまれたリスの歯は、ニッパーでもとの長さに切断されました。

リスの口は再び閉まるようになり、もとの可愛らしい顔はもどりました。しかし問題はまだありました。自然にすり減らされたリスの前歯は、先が鋭く研がれて丁度ノミの刃のようになっているのです。この鋭い歯先を器用に使って、リスはヒマワリの皮を剥いたり、クルミの堅い殻に穴をあけたりするのです。だが、ニッパーで切断した歯は切断面が平らでした。そのために長さは元通りになっても、もはや種子の皮を剥いたり、クルミをかじったりすることの出来ない歯となってしまったのです。

柔らかいパンと牛乳といった人間並みの食事の生活の中で、リスは次第に元気を失って行きました。三度目の冬の初めに、カゴの中で冷たくなってしまいました。

硬い餌を食べて歯をすり減らすことが、リスにとってはとても大事なことだったのです。牛乳にチーズ、それにパンといった人間のような食生活は、リスにとって幸せなものではなかったのでした。

「もっと早く、砂防林に帰してやればよかった」と、私は今でも思うのです。

サンショウウオとトカゲ

高校生の頃、私にはイモリとヤモリの区別がつきませんでした。名前だって良く似ているし、教科書に載っている絵を見ても、どちらも細長い胴体に手足が横向きについていて、そばの説明書きを読まなければとても区別がつきません。それなのに、イモリは両生類、ヤモリは爬虫類だというのです。印刷を間違えたのではないかと何度も思ったくらいでした。

私は子供の頃から、ずっと街の中で育ちました。イモリもヤモリも見たことがありません。本や教科書からの知識だけでは、一見して、姿、形のよく似ているイモリとヤモリが、分類学上、全く違ったグループに属しているということが、どうしても理解できなかったのです。しかし、この問題はよくテストに出ました。

しかたなく私は、

「イモリは両生、ヤモリは爬虫」と、唱えて丸暗記したものでした。

大学で生物学を専攻する学生となって、実際にイモリとヤモリを手で触ってみて、私の長い間の疑問は一瞬のうちに解決しました。手のひらにのせてみると、イモリは濡れて冷たく、ぬるぬるしているのに、ヤモリは乾いてカサカサとゴム人形のような感じがします。この違いこそ、分類学上で、二つの全く異なるグループに別けなければならなかった基本的な違いなのでした。本に書いてある絵や説明の文章だけでは理解できないこともあるのです。

大学を出て中学校の理科教師となった私は、今度はその違いを生徒たちに教える立場になりました。私の経験からすれば、実際にイモリとヤモリを、生徒達の手のひらにのせてやればいいのです。

五月の連休に、私は息子を連れて山歩きを楽しみました。まだ雪の残る山頂をきわめ、芽ぶき始めたブナやミズナラの林を抜けて登山口の近くまで降りてきたとき、道端の雪融け水が溜まって出来た小さい水溜まりの中に、黒い小さいブチブチが散らばって入っている、白い寒天の塊のようなものを見つけました。この黒いブチブチはサンショウウオの卵です。

百個近くもあった卵の中から、端の方の十個ほどを戴くことにしました。リュックサックからポリエチレンの袋を取り出し、水溜まりの水と一緒に卵を入れ、口をきつく結んで息子に持たせました。

家に帰ると、プラスチックの小さい水槽に水を浅く入れ、その中に卵をそっと移してやりました。サンショウウオはイモリやカエルの仲間、すなわち両生類です。どちらかといえばイモリに似ていて一生尾がなくなりません。卵はやがて孵り、小さなオタマジャクシが生まれました。

以前にも、息子がカエルの卵を持って帰って来たことがありました。水槽に入れて飼っていると、卵から沢山のオタマジャクシが生まれてきて、小さい水槽が満員になってしまいました。やがて、その小さいオタマジャクシに手足が生える頃になると、驚いたことには、今まで水の中を泳いでいたオタマジャクシが、必死になって水面から這い出してくるのです。水槽の中に飾りとして入れておいた小さな石の、水から出ている表面に何匹ものまだ尾の長い小さいカエルがひしめきあい、その上にさらに何匹かが水中から上がろうともがいています。まわりには、石の上に登ることが出来ずに、腹を上に向けて浮かんでいるカエルもいました。

昨日まで水中を泳いでいたのに、手足が生えてカエルになったとたんに水に溺れてしまったのです。私は、あわてて石を沢山ひろって水槽にいれてやりました。そんな経験があったので、サンショウウオの場合も水槽に水を浅く入れ、小石もあらかじめ沢山入れてやりました。十匹のオタマジャクシは元気に育ち、やがて手足が生えてきました。しかし、カエルのように尻尾は短くならず、小石の上に必死でよじ登る様子もありません。カエルとは少し事情が違うようです。

しかし、わずか十匹だからと軽く考えて餌をやらなかったのが、そもそもの間違いでした。ある朝水槽を覗くと、手足の生えたチビサンショウウオが六匹しか居ないのです。息子が友だちにわけてやったのかとも思いましたが、そうでもないのです。また二、三日して水槽を見てみると、また数が減っているのです。共食いしたな！と気がつきました。あわてて金魚の餌を撒いてやりましたが、もう後の祭りでした。

夜の間に食われてしまったようです。食い残した骨が散らばっている、などということはありません。ただ数が減っているだけなのです。いったいどうやって食べるのでしょう。まったくミステリーのような話です。そして最後には、太って大きくなったサンショウウオが一匹だけ、水槽の中をゆうゆうと泳いでいました。

北国のこのあたりにはヤモリは居ません。しかし、学校の近くの道端の土手には、小さいトカゲがよくうろうろしていました。トカゲもヤモリも爬虫類の仲間です。

生徒たちに頼んで、捕まえてもらった十センチほどの大きさのトカゲを、私は飼ってみることにしました。水槽に砂を敷きつめ、その上に古い木の切れ端や小石で隠れ家を作ってやり、その中にトカゲを放し、網の蓋で覆いました。時々、霧吹きで水を吹きかけてやると、トカゲは隠れ家から出て来て舌をチョロチョロと出します。トカゲも気分が良いのでしょうか。

ペット屋でミルワームというものを買って来ました。小さい細長い甲虫の幼虫で、プラスチックの入れ物の中で小麦のふすまを食べて生きています。生きた虫しか食べない小鳥の餌にするのです。このミルワームをトカゲの餌として与えることにしました。

水槽の砂の上に、ミルワームを二、三匹落としてやりました。トカゲは目に入らないのか知らんふりをしています。そこで、細いピンセットでミルワームをつまみ、トカゲの目の前にぶら下げてやりました。ピンセットでつまれたミルワームは体をくねらせました。すると、突然トカゲの口がパッと開き、ミルワームをくわえたのです。

トカゲは体に似合わない大きい口を持ち、その口の周りには小さいギザギザした歯が一面に生えています。その歯でミルワームを噛んだのです。ミルワームはしきりに体をくねらせます。しばらくじっとしていたトカゲは、やがてまたパッと噛みなおしました。こうして何回か噛みなおしているうちに、ミルワームは段々とトカゲの口の中に消えて行きました。全部飲み込むまでには一分近くもかかったようでした。

短い手が体から直角に突き出しているトカゲでは、手は体を支えるものであって、餌を捕まえたり、おさえたりすることは出来ません。食べるという仕事は、もっぱら口が専門に受け持つことになっているのです。

休みの時間にトカゲに餌をやっているのを見かけると、生徒たちが集まって来ます。トカゲがミルワームに食いつく様子を、息を殺して眺めています。

「先生も、ずいぶん残酷だ！」

「どうして？」

「だって、生きて動いている虫を食べさせるんだもの」

「でも、トカゲは目の前で動くものしか食べないんだよ」

トカゲが生きていくということは、人間から見れば残酷なように見えるかも知れません。しかし、トカゲは案外少食でした。一センチほどの長さのミルワーム

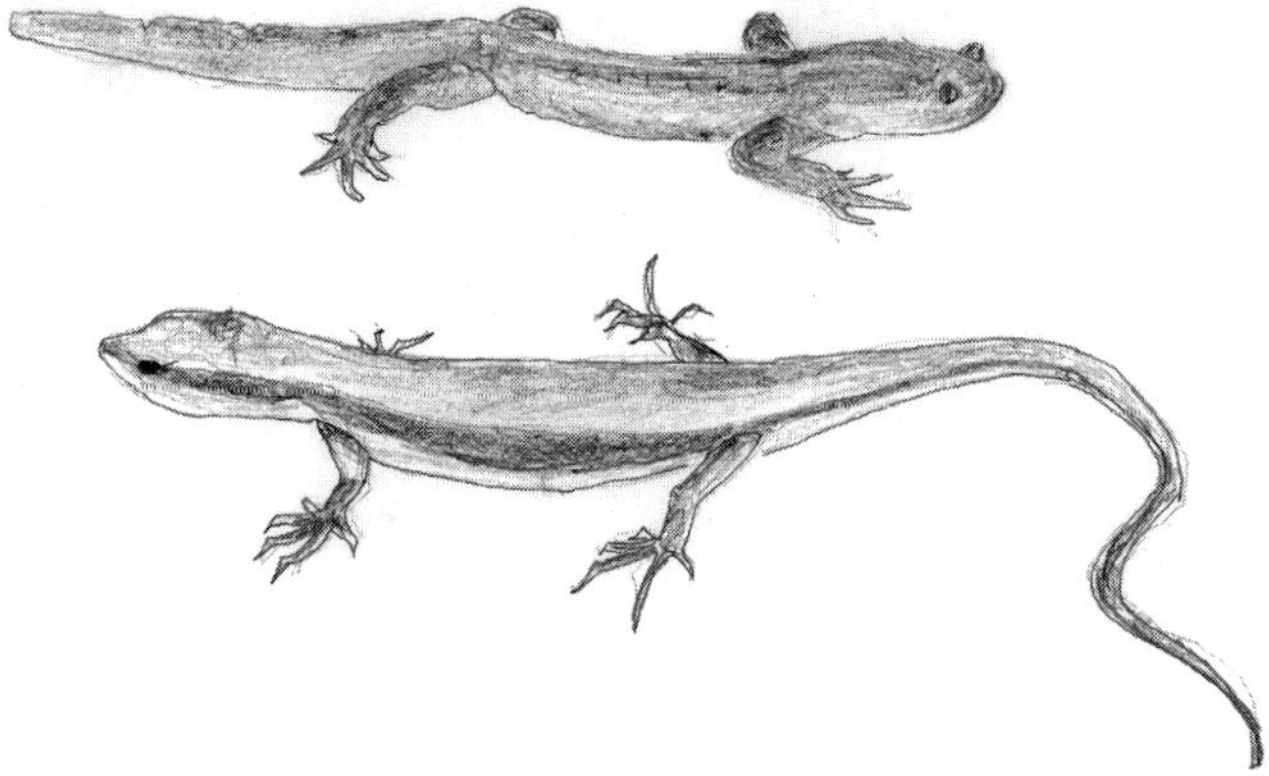

上：トウホクサンショウウオ、下：ヒガシニホントカゲ

二匹ほど平らげると、もう満腹して、あとはいくら目の前でちらつかせてやっても見向きもしなくなります。トカゲは人間のように食い過ぎたりはしないのです。

イモリとヤモリとではなかったけれど、こうして両生類のサンショウウオと、爬虫類のトカゲを私は手に入れました。背骨のある動物、すなわち脊椎動物の分類と進化の学習の時間に、両生類と爬虫類の代表として登場してもらおうと考えたわけです。

サンショウウオとトカゲの入っている水槽をかかえて教室に入って行くと、何がはじまるのかと中学生たちは、それまでのざわめきを静めました。私は黒板にサンショウウオとトカゲの絵を大きく描きました。

「サンショウウオは両生類で、トカゲは爬虫類です」

「なんだ、同じかっこうをしているよ」

「見分けがつかないよ」

と中学生は口々に文句を言いました。

「そうなんだよ。すごくよく似ているのです。でもね、大きな違いがあるから別のグループに分類しているのです。それは、触ってみれば、よく分かる。これから皆の手の上に順番に渡してやるから、よく触って、その違いを考えてみてください。ただ、サンショウウオもトカゲも先生が大事に飼っているものだから、大切に触ってね」

一番前の、私の目の前に座っていた女の子を立たせて、両手の手のひらを合わせて拡げさせました。女の子の手はブルブルと震えているのです。いまにも涙がこぼれそうな顔をしていました。

私は少しあわてて言いました。

「気味が悪いの？でも大丈夫、何でもないよ。女の私だって、こうやってのせているんだもの。静かに、じっと見ていてごらん。違いが分かるでしょう」

手の震えが止まりました。女の子の柔らかい手のひらの上で、サンショウウオとトカゲは静かにしていました。今にも泣き出すのではないかと二人を見つめていた他の生徒たちも、少し安心したようでした。

サンショウウオとトカゲは、こうして順番に、大事に手渡されていきました。

もちろん生徒たちは、この二種類の違いにちゃんと気づきましたよ。

子ガラスの旅立ち

私のあだ名は「カラスのおばさん」

もう髪に白いものが混じる年なのですから、おばさんと呼ばれても仕方がありません。

声がカラスの鳴き声に似ているからだって。そんなことはありません。低音のなかなか良い声だと自分では思っているのですから。

私のあだ名は、私がカラスを飼っていたからなのです。

六月の初め頃、私の勤めていた学校で研究会があり、あちこちの学校から沢山のお客さんがありました。あいにくと、その日は一日中雨降り。しかも午後からは風さえ強まり荒れ模様の一日でした。

緊張した一日も終わりに近づき、重い肩の荷もやっと下ろせると思いながら、私は理科準備室に戻ってきました。なにしろ、この研究会のために何週間も準備を重ねてきたのです。ところが、準備室に珍客が待ち受けていたのです。子ガラスです。校舎のはずれにある便所の片隅でバタバタしていたのだそうです。研究会に来たお客さんが見つけて拾い、連れて来てくれたということでした。

強い雨風にたたかれて、巣から落ちてしまったのでしょう。ぐっしょりと濡れ、しかも片方の翼がだらりとたれ下がっていました。体の大きさは普通のカラスより少し小さく、全体が何となく茶色っぽい感じでした。翼が折れているためか飛び上がることもできず、やたらにバタバタと暴れ回り、あたりに雫をまき散らしました。

木製の古い大きい鳥箱が部屋の隅に埃をかぶってあったことを思い出し、その中に子ガラスを入れてみました。丁度よい大きさでした。その日はそのままにして帰りました。

翌日、子ガラスはすっかり乾いて木箱の中で静かにしていました。箱から出して詳しく調べると、垂れ下がっている片方の翼は折れたのではなく、肩のところで骨がはずれているために、体のそばにきっちりと折り畳むことが出来ないようでした。

子ガラスを止まらせていた私の手に、何やら小さい茶色のツブツブしたものがいっぱいついています。よく見ると、それは動いていて、しかも段々に手首の方に広がってくるのです。私は思わず悲鳴をあげて、カラスを振りはらいました。「羽ダニ」でした。野鳥のヒナには、この「羽ダニ」がつきもののようです。この間、生徒が拾って連れて来たムクドリの子にも、いっぱいこれがついていました。カラスの顔に空気でふくらませたビニールの袋をかぶせ、体中に殺虫剤のスプレーを吹きかけてやりました。

海岸に近いこのあたりの松林には、昔からカラスが盛んに巣をかけたということです。子供の頃松の木に登って、子ガラスを捕まえて育てたことがあるという先生から、カラスの飼い方を教えてもらいました。餌はペット屋に行って、「九官鳥の餌」というのを一袋買いました。穀物の粉と魚粉、それに青葉を乾燥して粉にしたものを、混ぜて固めたようなものでした。三十分ほど水にひたしておくと柔らかく膨れます。カラスを膝に乗せ、くちばしをこじあけて、その餌を一つずつピンセットでのどの奥に押し込んでやるのです。

子ガラスは、目を白黒させながら何個でも飲み込みました。食べたあとは、当然のことながらフンをたれました。そのフンの臭いこと、量の多いこと。あれだけ沢山食べるのですから、これまた当然のことです。木箱の底に古新聞紙を厚く重ね、溜まったフンを鼻をつまみながら掃除するのが、私の毎日の仕事となりました。

二、三日のうちに、子ガラスはすっかり慣れてしまいました。みんなのひざにちょこんと止まり、指でつまんで与えられる餌を、生まれたときからずっとそうであったかのように貰っていました。餌を目の前に持って行って、T先生が「カー」と言うと、子ガラスはそのまねをして体をかがめ、くちばしを上にむけて「カー」と甘え声で鳴くのです。そして餌をもらう度に、何回でも「カー」と鳴いてみせます。

カラスのおばさん

慣れるにつれて、子ガラスは木箱から外に出たがるようになりました。箱から出してやると、実験用の道具やビーカーが雑然と置いてある机の上を、首をかしげ、かしげ、見て回ります。ピカピカ光る小さいものや、赤い色のついたものが大好きで、くちばしでくわえたり脚でころがしたりして、いつまでも遊んでいます。

やがて、人の目を盗んで準備室から廊下に遠征するようになりました。慌てて後を追うと、追いかけっこを楽しむかのように、長い廊下をトットッと走り出します。アスタイルが敷いてある廊下は少し滑ります。急いで走り出した子ガラスは、すてんと転んでしまいました。地面を走るときカラスは両翼を少し広げてバランスを取ります。しかし、片方の翼が自由にならない子ガラスには、それがうまく出来なかったのでしょう。

理科準備室の隣は理科室、その隣には普通の教室が続き、中学一年生が習い始めたばかりの英語の授業を受けていました。六月、若葉が繁り、毎日よい天気が続き、教室の戸も窓も開け放たれて、時折生徒たちが一斉に単語を読み上げる声が聞こえてきました。

英語の先生は黒板に向かって何か書き、生徒はノートにこれを写していました。突然、今まで静かだった教室の空気がざわめきました。クスクスと笑う声さえ聞こえます。どうしたのかと振り向いた先生の前を、カラスが一羽、チョコチョコと入って来たというのです。生徒たちは大騒ぎ。英語の授業はもう散々でした。みんなに騒がれた上に、出がけにウンコを一個おみやげに置いて来たというのですから、まったくあきれます。

こう遊び回られてはかないません。私は、カラスをなるべく箱から出さないようにしました。すると、人の顔を見る度に、哀れっぽい声で鳴きわめくのです。その声に負けて部屋の戸を閉め切って出してやると、今度はなかなか木箱に戻りません。私は少しいらいらしました。思わず、そばにあった長い物差を持って子ガラスを追い回しました。

ところが、その時から子ガラスは私を避けるようになってしまったのです。それまでは、私のひざに止まって甘え声を出し、私の手から餌をもらい、私が仕事をしている机の上で赤鉛筆をおもちゃにして遊んでいた子ガラスが、餌をやろうとしてもプイっと横を向いてしまうのです。遊んでいる最中でも、私がそばに行くと、さっと遠くに逃げてしまい、あれほど入ることを嫌がった木箱に自分からさっさと入ってしまうのでした。

同じ部屋にいるほかの先生たちには今までのように甘えているところを見ると、子ガラスは私だけを区別して警戒しているようでした。

「毎日ウンコの始末までしてやったのに…」

と私は嘆きました。しかし子ガラスは知らんふりです。でも、一度いやな目にあえば、そのことをいつまでも覚えているという能力があるからこそ、街の中で、怖い人間と一緒に、めまぐるしく変化する環境にも耐えて生きて行けるのでしょう。

気候も良くなってきました。遊び好きの子ガラスに手を焼き始めた私たちは、木箱を中庭に持ち出して、そこで放し飼いにすることにしました。四方を校舎で囲まれている中庭には野良犬もあまり来ないし、フンの始末も大分楽になります。

ベルが鳴り休み時間が始まると、教室から生徒たちが中庭に飛び出してきます。日だまりでおしゃべりを楽しんだり、追いかけあってふざけ廻る中学生たち。はじめて中庭に出たカラスは、この様子をびっくりしたように眺め、あわてて木箱に潜り込みました。ベルが鳴り生徒が教室に戻ると、やれやれとばかり木箱から出てくるのでした。

餌は昼休みにやることにしました。人の手から餌をもらう子ガラスの姿を、遠くから眺めていた生徒たちは、やがてカラスのそばに近寄り、頭をなでたり一緒に餌をやったりするようになりました。初夏の日ざしの中で子ガラスと遊ぶ中学生の姿は、とても心のなごむ風景でした。

夏休みが終わる頃から、子ガラスの茶色っぽいフワフワした羽毛の間に、真っ黒い濡れ羽色の堅い羽根が混じるようになり、その数がだんだんと増えていきました。うまく折り畳むことの出来なかった翼も自然によくなって、飛ぶ力がついてきました。もうねぐらの木箱もあまり利用していないようです。三階建ての校舎の廂に止まって、あたりを眺めている様子は、まったく一人前のカラスでした。
昼休みに準備室で弁当を食べていると、どこで見ていたのか、さっと準備室の窓ぶちに飛んで来ます。そして、私の弁当を横目でにらんで「カアカア」とわめきたてるのです。物差で追い回されたことはもう忘れたのでしょうか。好物はタマゴヤキ、それにアンパン。アンパンは半分くらいもペロリと平らげました。食べ物をねだるのは私のところだけではなく、三階の図書室とか、保健室とか、行きつけの場所があちこちにあるようでした。天気の悪い日には、窓ぶちに現れることが多いようでした。

秋も深まったある日、黄ばみ始めたプラタナスの葉を濡らし、一日中雨が降りました。カラスは窓の外で、いつもよりうるさく鳴きわめきました。濡れたカラスを部屋に入れて、雫を振払われてはかないません。私は知らん顔をして仕事を続けました。ガラス窓の外を雨の雫が線を描いて流れ落ちました。細い窓ぶちにしがみつき、ぐっしょり濡れたカラスはいつまでも鳴いていました。

翌日雨は止み、北国の秋の空は深く澄み渡りました。でも、その日からカラスは私たちのところに帰ってきませんでした。

「カラスが二羽連れ立って、校舎のまわりで遊んでいたよ。そのうち一羽は翼が少し垂れ下がっていたようだった。きっと彼女が出来たんだよ。もう立派に一人前になったんだ」

と慰めてくれた人もいました。

春の嵐とともにやってきた子ガラスは、こうして自然の世界に旅立っていきました。一つの仕事をやり終えたような、それでいて少し淋しい気持ちで、私は秋の空をいつまでも眺めていました。

コウモリの赤ちゃん

それは六月の末の頃、北国の遅い春も終わりを告げる頃でした。朝、授業が始まる前、私はいつものように、まだひんやりとした理科室でその日の授業で使う実験器具の準備をしていました。

突然、入口の戸がガラッと開いて、女の子が二人入って来ました。一人の子は両手で何かを大切そうに持っています。

「先生、これ！」

思わず覗きこんだ私は、それが何なのかちょっと見当がつきませんでした。三センチほどの大きさの黒いものが、女の子の温かそうな両手の中でうごめいていました。

「廊下に落ちていたんだけれど、コウモリの赤ちゃんではないかと思って…」

コウモリの赤ちゃん

そっとつまみあげてみると、そうです。コウモリの赤ちゃんです。体全体は黒い薄いビニールのような、滑らかな皮膚で覆われています。コウモリ傘のような翼を持ち、その先には小さな、小さな爪がついているではありませんか。ひっくり返して見ると、小指の先ほどの腹のところだけが薄桃色で、中が透き通って見えました。私の指に包まれながら、コウモリの赤ちゃんは翼をばたつかせ、盛んに口をパクパクさせています。

私は、ちょっと途方に暮れて、そのチビ赤ちゃんを眺めていました。古びた鉄筋コンクリートの、この中学校の校舎にはコウモリが棲みついていました。昼間、寝ぼけて飛び出したコウモリを、生徒たちはよくモップを振り回して追いかけました。運悪く捕まえられたコウモリは、みな理科室に連れてこられるのです。授業の教材にでも使えると思うのでしょうか。

「コウモリなんか、生きている虫しか食べないんだから。この忙しいのに私が飼えるとでも思っているの！」

ブツブツ言いながら、腕白中学生の目の前で私はコウモリを自由の身にしてやるのでした。

しかし、赤ちゃんではそういうわけにもいきません。まだしがみついているだけで、自分の力で飛ぶことも出来ないのです。このまま放っておけば、餓死するか踏みつぶされてしまうだけです。

「困ったわねえ、どうしようかしら。まあ仕方がない、置いて行きなさいよ」

二人の女の子は、ほっと安心したような顔をしました。

「おねがいします」と並んで頭を下げ、理科室を出て行きました。


動物を飼うときの一番の問題はエサです。コウモリの赤ちゃんには、何を食べさせればよいのでしょう。大人になったコウモリは、飛びながら生きている虫を捕まえて食べています。でも、赤ちゃんはいったい何を食べているのでしょう。

ごはんつぶ、ソーセージ、ホウレンソウの水煮、すり餌、ミミズ…

今まで動物を飼った時の餌をいろいろ思い出してみました。でも、何だかピッタリきません。そうです、コウモリは、鳥でもカエルでも魚でもないのです。

ガラッと戸が開いて、W先生が入って来ました。いつも素足にゴム草履を履いて、シタシタと足音をさせて歩いて来ます。

「お早う！おや、何をつかまえたの？これ、コウモリの赤ちゃんじゃあないの…」

「生徒が拾って来たんだけれど、何を食べさせて育てればいいのかしらね？」

「哺乳類だろう。オッパイ、オッパイ…」

私は一瞬はっと思いました。鳥のような姿はしていますが、コウモリは哺乳類。そう、人間の仲間なのです。赤ちゃんは母親のオッパイを飲んで育っているはずです。

私は、急いで小使室の冷蔵庫に行ってみました。昨日の給食の飲み残しの牛乳が沢山入っていました。牛乳は牛のオッパイです。牛とコウモリとでは形も大きさもだいぶ違いますが、オッパイはオッパイです。

一本貰って理科室に戻り、ビーカーに入れて体温ぐらいに温めました。でも、どうやって飲ませればいいのでしょう。コウモリの赤ちゃんの口は、ほんの五ミリほどの大きさなのです。あたりを見回すと、良いものが目にとまりました。プ

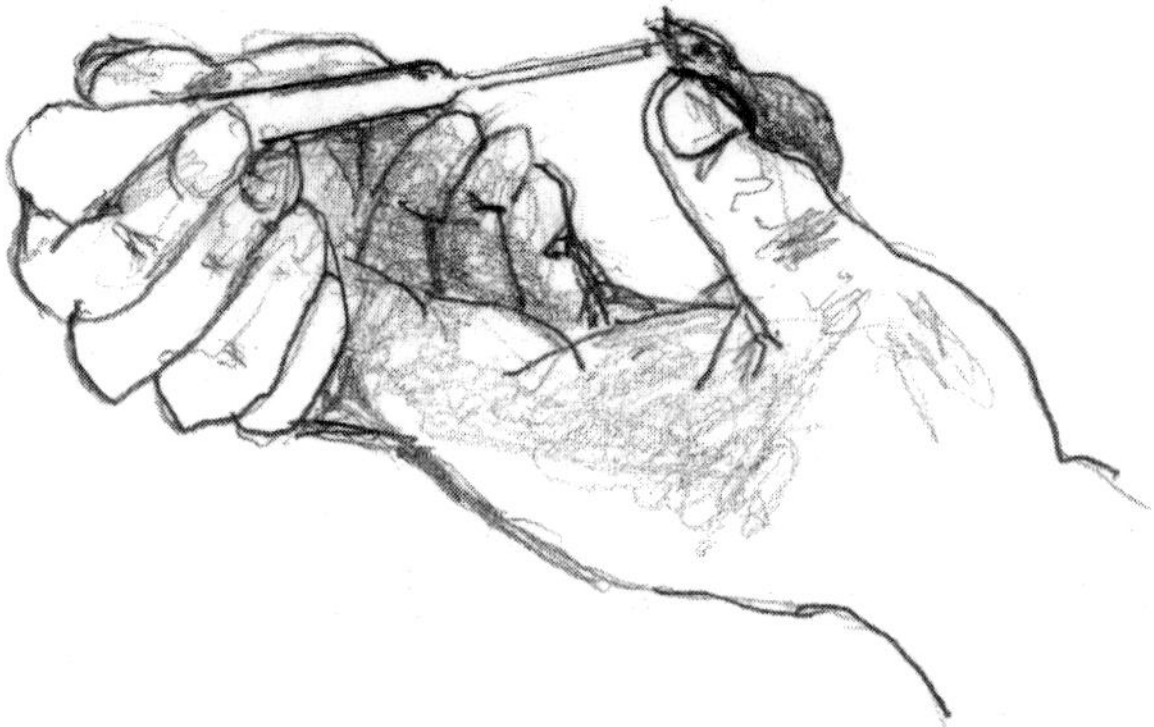

スポイトの哺乳瓶

ラスチックのスポイトです。スポイトの口を炎にかざすと、少し軟らかくなります。その時、そっと両側に引っ張ると細長く伸びるのです。そのまま冷やしてハサミで切ると、先の細いスポイトが出来上がりました。これで、哺乳瓶の完成です。温めた牛乳を少しスポイトに吸い取り、その先を赤ちゃんの小さい口の奥にそっと先を押し込み、静かに牛乳を送り込んでやりました。

小さいお腹が、みるみるうちに白くぷっくりと膨らんで来ました。スポイトの中の牛乳が半分ほどになる頃、口の上にある二つの小さい穴から牛乳が溢れて来ました。きっと小さいお腹が満員になって、余りの牛乳が鼻から溢れ出たのでしょう。

湿らせたガーゼで顔をきれいに拭いてやると、何だか、さっきよりとても静かにしているのに気がつきました。お腹が一杯になって安心したのですね。マッチの空き箱に脱脂綿を敷いて、赤ちゃんのベッドを作ってやりました。指先に、しがみついている赤ちゃんを、その上にそっと置き蓋をしめました。

休み時間になるのを待ちかねて、私は理科室の机の上のベッドを開けてみました。赤ちゃんは元気でした。何気なくつまみ上げて見ると、腹の下のあたりに小さい黄色いものがついていました。

「あっ、ウンコだ！」

この小さい消しゴムのおもちゃのようなコウモリの赤ちゃんが、牛乳を飲んで、黄色いウンコをしたのです。この一センチほどの小さい腹の中に、胃だの腸だの、胆嚢だのが、人間と同じように入っていて、働いているということなのです。

考えてみれば、あたりまえのことです。でも、その時にはとても不思議なことのように思われました。

どこから話を聞きつけたのか、休み時間になると、生徒たちが理科室にあらわれます。

「コウモリの赤ちゃんを拾ったんだって？」

「ちょっと見せて！」

私がベッドから赤ちゃんをつまみだして牛乳を飲ませると、生徒たちは私のまわりをぐるりと取り囲み、息を殺して真剣な顔で見ています。大きな声を出せば、赤ちゃんがびっくりするとでも思うのでしょうか。

一度に〇、五ミリリットルほどしか牛乳を飲めないコウモリの赤ちゃんです。私は二時間おきぐらいに牛乳を飲ませてやりました。しかし、夜はどうすればよいのでしょう。理科室にこのまま置いておけば、きっと腹が空いて死んでしまうのに違いありません。夕方、私は帰り支度をすませると、赤ちゃんのベッドをそっとバッグの中に入れました。こうして、赤ちゃんは私と一緒に通勤することになったのです。


夜、一日の忙しかった仕事も終わり、オレンジ色に、そこだけをぽっかりと照らしているスタンドの灯の下で、コウモリの赤ちゃんをベッドから出して、指の先にしがみつかせました。その時、指先が何かかすかな振動を感じたのです。よく見ると、赤ちゃんは口を開き何か一生懸命わめいています。音は聞こえません。でも夜の静けさの中で、その振動が私の指の先に感じられるのでした。

夕方の薄明かりの中で虫を捕まえるために活動するコウモリが、人間には聞こえない超音波を出し、それが反射するまでの時間を感じながら、まわりにある物体を避けて通ることはよく知られています。私の赤ちゃんも、その超音波を出してコウモリのお母さんに何かサインを送っていたのでしょうか。昼間の学校の地鳴りのような騒音の中では気がつかなかったのです。何と言っているのか、コウモリではない私にわからないのは残念なことでした。

指先にしばらくとまらせておくと、翼の先の小さい爪を私の指に立てて、上へ上へと登って行きます。指先がチクチクと痛みますが、いったいどうするつもりなのか、しばらく我慢して様子を見ていました。

指の先まで登りつめると、今度は頭を下にして、指の向こう側を降りはじめます。体全体が、すっかりさかさまになると、そこで運動を止めます。そういえば、洞穴に棲むコウモリは天井から頭を下にして、さかさまにぶらさがっています。コウモリにとっては、このさかさまの姿勢が一番安定した姿勢なのかもしれません。そして、こんな小さい赤ちゃんのうちから、ちゃんとそれが出来るのです。

さらに不思議だったことは、牛乳を一杯飲んでお腹の膨れた赤ちゃんをベッドにもどしてやると、赤ちゃんはベッドの脱脂綿にかじりつき、じっとしていることでした。

ミルクタイムが来て牛乳を飲ませるときには、これは、なかなかやっかいな性質でした。まずベッドの綿から赤ちゃんをはぎとり、手の指にとまらせます。それから口をこじ開け、口の中一杯に詰まっている綿くずを、細いピンセットで引きずり出さなければなりません。小さい口の中には細かい歯がぎっしりと生えていて、その歯に綿くずが引っ掛かり、なかなか取れないのです。綿を全部取り除くと、やっとスポイトを口に含ませることが出来るのでした。

どうして綿なんか噛むのでしょう。いろいろ考えているうちに、タオルが好きな子供のことを思い出したのです。息子の保育園の友だちのKちゃんは、もう三歳になるというのに、赤ちゃんの時から使っていたバスタオルが無いと大変なのです。眠くなった時など、タオルがそばにないと、うろうろと探し歩き、見つかるまで眠ろうとしないのです。タオルさえあればご機嫌で、タオルを抱きしめ、かじりつき、やがてスヤスヤと寝入るのです。初めは綺麗だったタオルも、今ではすっかり色褪せて汚れてしまいました。それでも、そのタオルが良いのです。

そんな子供の話を聞いたことはありませんか?タオルが好きなのは人間の子供だけではないようです。ニホンザルの生まれたばかりの赤ちゃんを、親から離して育てた記録を読んだことがありました。親から離れて淋しかろうと思い、サルの毛皮で出来た「ぬいぐるみ」を檻の中にいれ、木わくに止めてやりました。サルの赤ちゃんは、哺乳瓶からミルクを貰う時も毛皮にしがみついたまま、眠る時も体のどこかは毛皮にくっつけて眠ったということです。大きくなって自由に行動出来る頃には、毛皮はちぎれて小さな切れ端になってしまいましたが、サルの赤ちゃんはそれを大事に持って歩き、夜は必ずベッドに運んだそうです。

人間の子供とサルの赤ちゃんと、そしてコウモリの赤ちゃんまでが、とてもよく似た行動をとるのは、いったいどうしたわけなのでしょう。同じ哺乳類でも、イヌやネコの赤ちゃんは、こんなにタオルに執着するでしょうか。ウマやウシの赤ちゃんはどうでしょう。

動物園で生まれたばかりのサルの赤ちゃんを見たことがあります。そうです。

母ザルの胸の毛にしっかりとしがみついています。人間の場合はどうでしょう。お母さんの胸には毛なんか生えていません。でも、生まれたばかりの赤ちゃんは、手で物を握る力がとても強いのです。人間とサルは同じ祖先を持っています。人間の祖先は、お母さんの胸にも毛が生えていて、赤ちゃんはそれをぎっちりと握っていたのかもしれません。

コウモリのお母さんは、洞穴の天井からぶら下がって子供を育てます。赤ちゃんは、お母さんから離れては生きて行けません。手が翼のコウモリでは、きっと赤ちゃんは口でお母さんの毛を噛んで、お母さんにしがみついているのではないでしょうか。

動物学の本を調べてみて、人間やサルの仲間―霊長類と、コウモリの仲間―翼手類は、とても近い親類同志だということを知りました。いずれも、食虫類という小型の哺乳類から進化してきたものです。遠い昔、ご先祖様が一緒だったということから、タオルが好きだという性質が由来しているなんて、とても面白いことだと思いました。

コウモリの赤ちゃんは、そんなに長くは生きていませんでした。でも、指先を登る赤ちゃんの爪の痛みを、今でも私は覚えているのです。

鳴き出したモルモット

モルモットは、アルミ製の飼育箱に入れられて理科準備室にやってきました。生徒の親の転勤が急に決まって引っ越すことになり、飼っていたモルモットを引き取ってくれないかというのです。大学の医学部で実験用に飼われていたモルモットを貰ったものということでした。そういえば、テレビで見たことがある実験動物用の飼育箱には、同じくアルミ製の給水器までちゃんと付いて来ました。一日に一度この給水器に水を満たし、固形飼料を与えればよいというのです。

私は、あまり乗り気ではありませんでした。でも、引っ越しの間際になって、ペットの行く先を考えなければならなくなった飼い主のことを思うと、つい断り切れず引き受けてしまいました。

モルモットは本当に面白味のない動物でした。アルミの飼育箱の中で、ただ黙ってボリボリと固形飼料を食べているだけです。実験動物として飼いやすいように躾けられて来たのでしょうか。もしかすると、狭い飼育箱の中で、じっと暮らして行くことの出来るような種類が遺伝的に選び抜かれて来たのかもしれません。全身を白い毛で覆われ、目だけが薄桃色で、体の大きさは小さいウサギほどもありました。その体で固形飼料を沢山食べるせいかフンの量も多く、一日始末を忘れたりすると飼育箱の底がベトベトになってしまいます。

春の休みとなり、誰も引き取り手がみつからないままに、私は仕方なくモルモットを自宅に連れて帰りました。新学期が始まるまで家で預かろうと思ったのです。ところが、その春、私は別の中学校に転勤することが決まってしまいました。転勤の忙しさの中で、私はそれまで勤めていた学校にモルモットを返す機会を失ってしまいました。そしてモルモットは、招かれない客のように私の家に居着いてしまいました。

居間の南側の出窓の隅が、モルモットの居場所になりました。出窓の板敷きの床の上に古新聞紙をひろげ、その上に例のアルミ製の飼育箱を置きました。その中でモルモットは静かに暮らしました。

その頃、小学校の低学年だった私の息子がモルモットを描いた一枚の絵があります。家で飼っているペットを描こうというテーマで、学校でモルモットのことを思い出しながら描いたということです。空色の空間に灰色の箱が大きく描かれ、箱から白いモルモットが、ずんぐりした体を乗り出している絵です。小さい耳と桃色の目もちゃんと描いてありました。毎日、餌をやるために飼育箱の蓋を開けると、モルモットは必ずこうやって身を乗り出して、桃色の目で私たちを眺めるのです。幼い絵でしたが、その時の様子がよく表されていて、今でも大切にとってあります。

ある時、固形飼料の買い置きが切れてしまいました。仕方なく台所からキャベツの葉を持って来てやりました。キャベツがよほどおいしかったのでしょう。それからは、固形飼料をやっても、キャベツがあれば固形飼料は食べなくなってしまいました。そして、固形飼料だけ与えると、キーキーとわめいてキャベツの葉

鳴き出したモルモット

を催促するのです。

私はこれまで、モルモットは声を出すための器官を持っていないものとばかり思っていました。でも、そうではないのです。飼育箱の中で固形飼料だけ食べてじっとしている生活では、声を出す必要がなかっただけのようでした。

夏が近づき、近くの川べりに夏草が繁るようになりました。私は堤防から雑草を刈って来て、キャベツの代わりに与えてみました。雑草の種類にも好き嫌いがあるようでした。キャベツよりはオオバコを好み、オオバコよりは葉の長いイネ科の雑草、なかでも繊維の堅いススキの葉のようなものが大好物でした。

草を与えるようになると狭い飼育箱では不便です。出窓の大きさに合わせた少し大きめの金網のカゴを買って来て、これにモルモットを移してやりました。飼育箱と違って四方が金網で出来ているために、モルモットの様子が良く分かるようになりました。

日曜日には、川べりから雑草をどっさり刈って来てカゴにいれてやります。モルモットは、その中からまずなるべく堅そうな葉を選んで食べ始めます。半分目をつぶり、モグモグモグモグと満足そうに、いつまでも噛んでいました。固形飼料は草が無くなった時にしか食べないようでした。

出窓には、外側にガラス戸、内側には障子がはめ込まれていて、内側の障子は、私たちの居ない昼間にはたいてい閉めてありました。夕方、私が学校から帰ると、モルモットはクイーッ、クイーッと鳴いて大騒ぎするのです。障子は閉まっていて姿は見えないのですが、足音で分かるのでしょうか。何か急の用事があって、いつまでも障子を開けずにいると、声は段々に大きくなり、クイーッという声の最後の部分が尻上がりに高くなっていきます。「私のことを忘れたの…」といわんばかりの大騒ぎになるのです。障子を開けて顔を覗き、頭をなでてやると騒ぎは静まるのでした。

学校で飼っていた頃には想像もつかなかったようなモルモットの行動です。「モルモットのような」という言葉があります。「自分の意志のない、他人の試験台として利用されてばかりいる人を表現する言葉」と辞書にはありました。しかし、こうやって飼ってみると、モルモットにも動物としての意志があり、行動があるということがよくわかりました。

家でモルモットを飼い始めてから三年目の夏、私の夫が急に転勤することになりました。新しい勤務地は遠い沖縄です。私も教師の仕事を止めて、一家で引っ越すことになりました。海を越えての引っ越しのため、モルモットを連れて行くわけにはいきません。それに、これからはアパート暮らしになります。ペットも、もう飼うことは出来なくなるでしょう。隣のおばさんが園長をしている保育園で、モルモットを引き受けて呉れることになりました。保育園の庭に小屋を作って、子供たちの遊び相手にしてくれるということです。引っ越しのトラックが来る前の日に、モルモットは保育園に引き取られて行きました。

モルモットは今頃どうしているでしょう。子供たちに抱かれて、クイーッ、クイーッと鳴いているでしょうか。それとも、もう死んでしまったかな。

あとがき

私はこの秋、八十七歳になる。

私は大学の理学部生物学科を出て、二十代の中ごろまで研究者として身を立てようと努力したが定職に就くことはできず、その道をあきらめた。そしてあきらめきれない自分の気持ちをなだめるために、これからは、今まで興味を持って学んできた「生き物」について書いたり、子供のための本を作ってみたりしたいと考えた。

そのあと中学校の教師として働いた十七年、その後、夫の転勤で沖縄から九州、四国、つくばと日本国中を引っ越して歩いた十五年、合わせて三十年余、年老いた夫の母と息子を抱えた暮らしの中で、ゆっくりと物を書く時間はとれなかった。

六十歳を過ぎて、母を見送り、息子が自立し、ようやく自分の時間が持てるようになったが、今度は病気との付き合いや、東日本大震災に見舞われた。しかし、その合間を縫って、教師時代からずっと調べてきた「クロマツの海岸林」についての小冊子を四冊書くことができた。

「子供のための本」にはなかなか手がつかなかった。それに、絵も描いていた私は、「さし絵」も自分で描いてみたいと思っていたので、それがなかなか難しかった。そして、やっと出来たのがこの本である。今は長生きしてよかったとつくづく思っている。

この本を作るにあたり、お世話になった秋田文化出版の下田優さん、舛屋みずほさん、渡辺修さん、教師時代の同僚、生徒たち、そして共に長生きをして色々と互いに力を貸し合っている夫、重郎、本当にありがとう。

二〇二〇年八月

仙台市泉ケ岳の麓にて　　小山晴子

著者略歴

小山晴子（こやま・せいこ）

一九三三年　仙台市で生まれる

一九五六年　東北大学理学部生物学科卒業

一九六一年　秋田市中学校理科教師

一九七八年　主婦

著書『マツが枯れる』秋田文化出版　二〇〇四

『マツ枯れを越えて――カシワとマツをめぐる旅』

秋田文化出版　二〇〇八

『よみがえれ海岸林――3・11大津波と仙台湾の松林』

秋田文化出版　二〇一二

『津波から七年目――海岸林は今』

秋田文化出版　二〇一八

現住所　仙台市泉区みずほ台一一―一―八〇三

中学生と動物たち

二〇二〇年十一月十日　初版発行
定価（本体一〇〇〇円＋税）

著　者　小山晴子

発行者　小山重郎
編集・制作　秋田文化出版 株式会社
〒〇一〇—〇九四二
秋田市川尻大川町二—八
TEL（〇一八）八六四—三三二二(代)
FAX（〇一八）八六四—三三二三
＊

ISBN978-4-87022-593-0
地方・小出版流通センター扱